出 版 人　田俊林
出版策划　李　岩
责任编辑　姚晓亮　魏　蕾
装帧设计　张　金
出版发行　济南出版社
地　　址　山东省济南市二环南路1号
邮　　编　250002
编辑热线　0531-87906698
印　　刷　济南新先锋彩印有限公司
版　　次　2023年1月第1版
印　　次　2023年1月第1次印刷
成品尺寸　215mm×245mm　16开
印　　张　2.25
字　　数　10千
印　　数　1-3000册
书　　号　ISBN 978-7-5488-5129-5
定　　价　48.00元

图书在版编目（CIP）数据

成为新家人的机器人 /（韩）郑恩美著；（韩）全炅
善绘；杜祥禹译 . -- 济南：济南出版社，2023.1
（新科技太有趣）
ISBN 978-7-5488-5129-5

Ⅰ . ①成… Ⅱ . ①郑… ②全… ③杜… Ⅲ . ①机器人
- 儿童读物 Ⅳ . ① TP242-49

中国版本图书馆 CIP 数据核字（2022）第 067146 号

山东省版权局著作权合同登记号　图字：15-2022-33

# 成为新家人的机器人

CHENGWEI
XINJIAREN DE
JIQIREN

[韩] 郑恩美 著　　[韩] 全炅善 绘　　杜祥禹 译

山东城市出版传媒集团·济南出版社

"小新，起床了！"

"我想再睡会儿嘛。"

小新赖在被窝里不肯起来。

"小新，爸爸为你准备的礼物很快就要到了。快准备接一下吧。妈妈出去了，过会儿能回来。"

叮咚  叮咚

小新从被窝里探出头来问道："爸爸送我的礼物？"

这时，"叮咚，叮咚！"门铃响了。

咦，门口怎么站着一个筒状机器人呢？

"你好！我是机器人突突。小新，我有
东西给你看。"

突突按了一下身上的红色按钮，胸前屏幕上出现了爸爸的笑脸。

"小新，突突是爸爸特地为你制作的机器人。他以后就是咱们的家人了，你要跟他好好相处哟。"

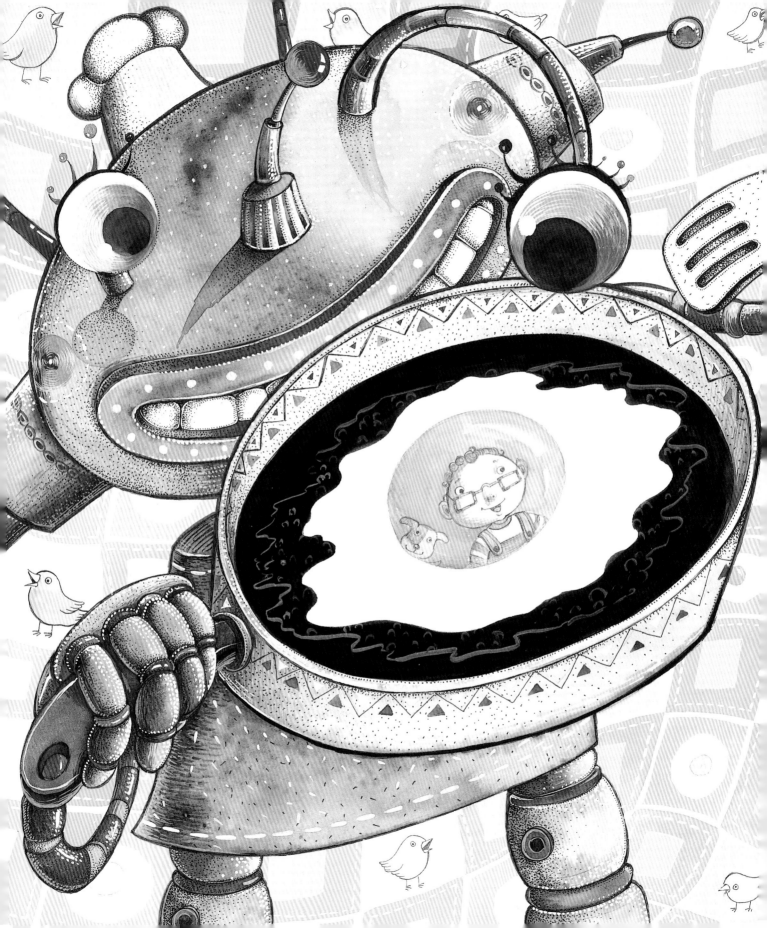

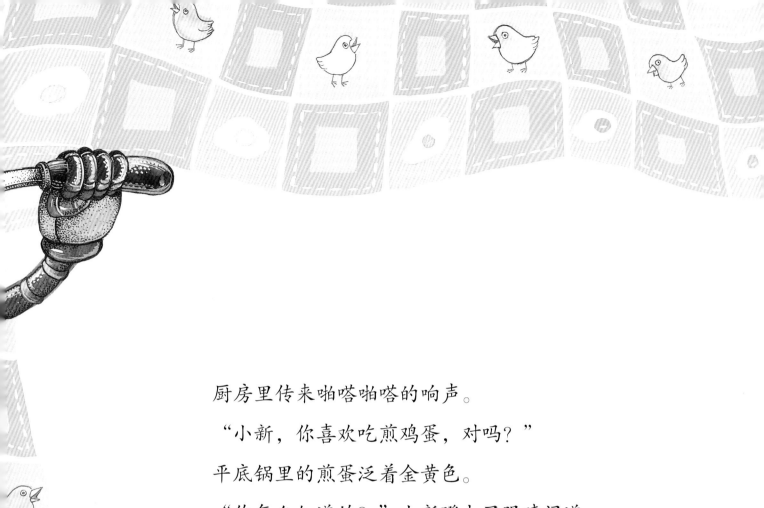

厨房里传来啪嗒啪嗒的响声。

"小新，你喜欢吃煎鸡蛋，对吗？"

平底锅里的煎蛋泛着金黄色。

"你怎么知道的？"小新瞪大了眼睛问道。

　　"我的大脑里装有处理器，这个处理器里有关于你的一切信息。小新最喜欢的运动是足球，小新的爱好是睡懒觉，还有不听妈妈的话。"

　　"哎呀，你怎么都知道呀？不要再说啦！"小新害羞得脸都红了。

新科技小提示

### 处理器是什么？

　　机器人的处理器就像人的大脑，通过分析传感器接收到的信息，从而判断是否需要做出动作。当然也有没有处理器的机器人，这样的机器人只安装了控制器，根据操作任务的要求，可以完成一些简单动作。

### 机器人是怎么动起来的？

新科技 小提示

机器人根据种类和用途不同，使用的能源也不同。做家务的扫地机器人使用的是电力能源，潜水机器人则通过波浪获得动能，在遥远的火星上工作的探测机器人，使用的则是太阳能或原子能。

"小新，吃早饭了。"

"突突，你也一起吃吧。"

"我吃不了人类的饭。我有自己喜欢吃的，就是它！"突突指着插座说。

突突转身插上电源，开始吧唧吧唧地吃起来。

"小新，咱们去踢足球吧。"

"哇，你还会踢足球呀！那咱们到前面的公园里去踢吧。"

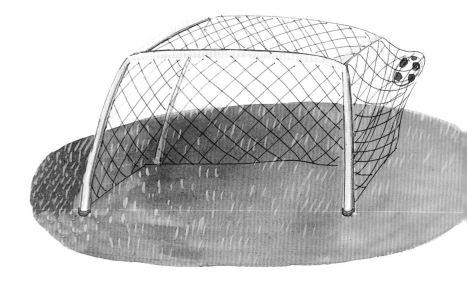

　　小新先开始带球突破，砰的一脚——

　　"射门！球进啦！"

　　小新高兴地跳了起来。

　　这时候突突拿到了球，带球跑来跑去，

嗖的一下，"球进啦！"

　　突突高兴地晃动起肩膀。

回到家，突突就开始打扫卫生了。

先用鸡毛掸子，啪啪……
又用吸尘器，嗡嗡……
随后拿起抹布擦来擦去……

"哇！家里变得好干净呀！突突，你累了吧，休息一下再干呗。"

突突摇了摇头说："我们机器人和你们人类不一样，干一整天活都不会累。"

"突突，你会画画吗？"

"画画是什么？我的芯片里没有'画画'程序。

你教我的话，我可以试一试。"

小新先在纸上画了一个圆圈。

"突突，来，你照着画一下。"

没想到，突突画的圆竟是歪歪扭扭的。

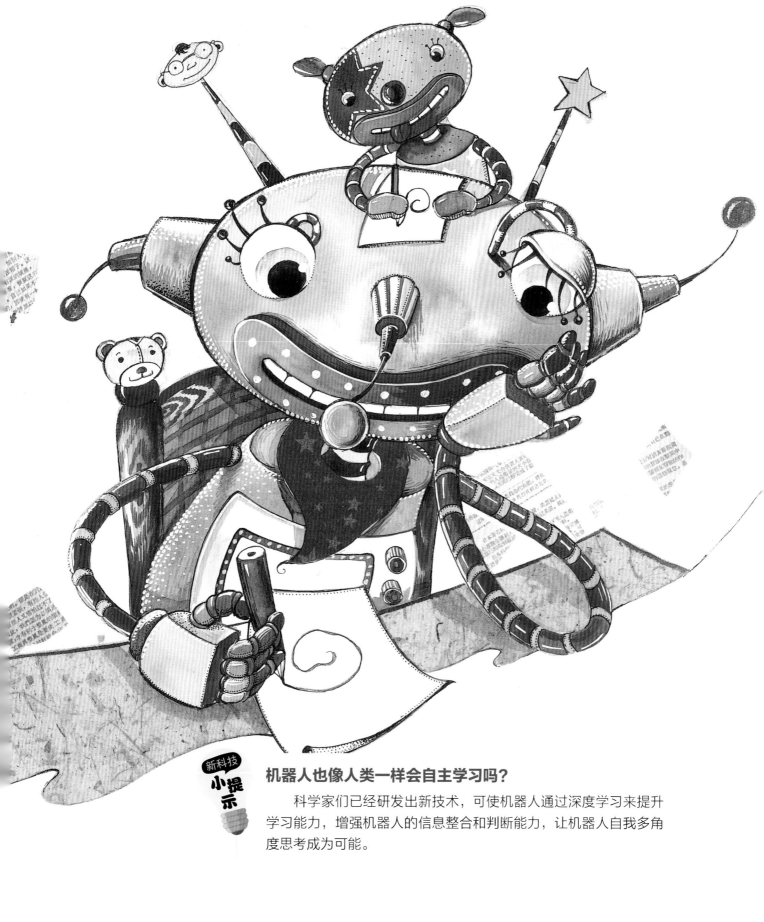

### 机器人也像人类一样会自主学习吗？

科学家们已经研发出新技术，可使机器人通过深度学习来提升学习能力，增强机器人的信息整合和判断能力，让机器人自我多角度思考成为可能。

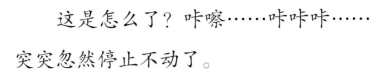

这是怎么了？咔嚓……咔咔咔……突突忽然停止不动了。

"突突，你怎么了？"小新吓了一跳，大叫了起来。

但是突突却一动也不动，连话也说不出来了。

闻讯赶来的爸爸把突突带到了实验室。

"可能是学习新东西时，系统出了点儿小问题，还好，处理器没坏。要是这个处理器坏了，突突可就修不好了。"爸爸看着突突说道。

"爸爸，那突突没事，对吧？"

"当然！给我几天时间，我会让他成为一个更棒的机器人。"

"小新，起床了！鸡蛋都给你煎好了。"

有人来到床边晃了晃还在睡觉的小新。

"不嘛，让我再睡会儿。"

"咦？是突突！"小新一下子睁开了眼睛。

"嗨，小新！"

小新和突突激动地抱在了一起……

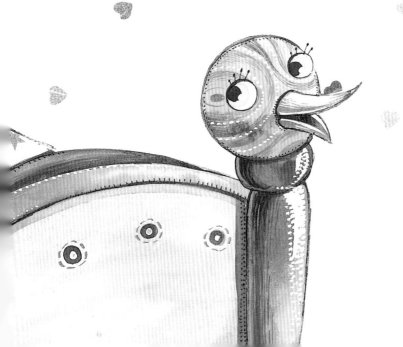

## 机器人也会有情感吗?

见到自己喜欢的人就会主动靠近,机器人也会像我们人类一样有情感吗?

啊哈!原来如此

有的机器人可以通过面部表情或身体动作,来表达高兴、伤心、吃惊、愤怒等。但是要开发出能够感知各种感情并表达出来,完全像人类一样的机器人,可能还需要很长时间。

## 世界上第一个机器人是谁？

世界上最早出现的机器人名叫"埃里克"，1928年9月在伦敦工程展览会上首次展出。

在展会上，埃里克做了一些基本动作，包括左右摇头、摆手，还有简单的对话等。

## 机器人的种类

机器人能帮助人类做一些不好解决的事情，让我们来看一看都有哪些种类的机器人吧。

家庭机器人

农业机器人

服务机器人

探测机器人

制造机器人

医疗机器人

消防机器人

军事机器人

宠物机器人

新科技太有趣

第一季

新科技太有趣

第二季